Technische Anleitung

zur

Ausführung der polizeilichen

Maß- und Gewichts-Revisionen.

Dritte, bis zum 1. Juli 1903 vervollständigte Auflage.

Springer-Verlag Berlin Heidelberg GmbH
1903

ISBN 978-3-662-33438-6   ISBN 978-3-662-33835-3 (eBook)
DOI 10.1007/978-3-662-33835-3

Inhalt.

	Seite
Allgemeine Bestimmungen	5
Beschreibung der zulässigen Maße pp.	10
A. Längenmaße	10
B. Flüssigkeitsmaße, Meßwerkzeuge für Flüssigkeiten und Meßflaschen	13
I. Flüssigkeitsmaße	13
II. Meßwerkzeuge für Flüssigkeiten	16
III. Meßflaschen	18
C. Hohlmaße und Meßwerkzeuge für trockene Gegenstände	19
I. Maße von 100 Liter abwärts für alle Arten von trockenen Gegenständen	19
II. Maße und Meßwerkzeuge von 0,5 Hektoliter aufwärts für Brennmaterialien sowie für Kalk und andere Mineralprodukte	22
III. Meßrahmen für Brennholz	23
D. Gewichte	26
E. Wagen	31
I. Handelswagen	31
II. Wagen für besondere Zwecke	34
Anlage, enthaltend das Schema für die Aufzeichnungen	38

Die in der Zeit vom 12. Juni 1886 bis 1. Juli 1903 eingetretenen Änderungen und Zusätze sind durch
lateinische Schrift
hervorgehoben.

Allgemeine Bestimmungen.

1. Zum Zumessen und Zuwägen im öffentlichen Verkehr dürfen nur solche Maße, Gewichte und Wagen verwendet werden, welche mit dem vorschriftsmäßigen Eichungsstempel (siehe Nr. 9) versehen sind. Der Gebrauch unrichtiger Maße, Gewichte und Wagen ist untersagt, auch wenn dieselben im übrigen den geltenden Vorschriften entsprechen.

2. Gewerbetreibende, bei welchen ungestempelte oder unrichtige Maße, Gewichte oder Wagen vorgefunden werden, oder welche sich einer anderen Verletzung der Vorschriften über die Maß- und Gewichtspolizei schuldig machen, werden bestraft. Die bei denselben vorgefundenen vorschriftswidrigen Maße, Gewichte und Wagen oder sonstigen Meßwerkzeuge unterliegen der Einziehung.

3. Die polizeilichen Maß- und Gewichtsrevisionen haben den Zweck, die genaue Befolgung der vorstehenden Bestimmungen seitens der Gewerbetreibenden zu überwachen und Zuwiderhandlungen zur strafrechtlichen Verfolgung zu ziehen.

4. Den polizeilichen Revisionen sind alle diejenigen Gewerbetreibenden ohne Ausnahme zu unterwerfen, deren Geschäftsbetrieb es mit sich bringt, daß Waren im öffentlichen Verkehr zugemessen oder zugewogen werden. Dahin gehören außer den Kaufleuten und Händlern jeder Art auch Handwerker, welche gewerbsmäßig Waren nach Maß oder Gewicht einkaufen oder verkaufen; ferner die Hausierhändler sowie solche Personen, welche gewerbliche oder landwirtschaftliche Erzeugnisse auf den öffentlichen Märkten oder von Haus zu Haus gehend feilbieten.

Die polizeilichen Revisionen sind nicht auf die festen Verkaufsstellen der Gewerbetreibenden zu beschränken, sondern sind auch auf den öffentlichen Verkehr bei Jahr- und Wochenmärkten und an Häfen, Lösch- und Ladeplätzen sowie auf solche Meß- und Wägevorrichtungen auszudehnen, welche von Gemeinden oder von Privatpersonen zum Gebrauche im öffentlichen Verkehr bereit gehalten werden (öffentliche Wagen u. dergl.).

5. Auszuschließen von den polizeilichen Revisionen sind solche Gewerbetreibende, in deren Geschäftsbetrieb ein Zumessen und Zuwägen von Waren im Verkehr mit dem Publikum überhaupt nicht stattfindet.

Von den polizeilichen Revisionen sind ferner befreit die Apotheken, sowie alle öffentlichen (Reichs- und Landes-) Behörden, wie namentlich die Postbehörden, die Eisenbahnbehörden, die Steuerbehörden, die Militärbehörden.

6. Die Gewerbetreibenden der unter Nr. 4 bezeichneten Art dürfen ungestempelte oder unrichtige Maße, Gewichte und Wagen, welche zum Gebrauche für das in ihrem Gewerbebetriebe stattfindende Zumessen und Zuwägen geeignet sind, nicht in ihrem Besitze haben. Werden solche Maße, Gewichte oder Wagen im Besitze dieser Gewerbetreibenden vorgefunden, so ist strafrechtlich einzuschreiten, ohne Rücksicht darauf, ob diese Maße pp. zum Zumessen und Zuwägen tatsächlich verwendet worden, bezw. zu einer solchen Verwendung bestimmt sind oder nicht. — Konsumvereine, welche den Warenabsatz auf ihre Mitglieder beschränken, unterliegen ebenfalls der polizeilichen Kontrolle, doch soll von einer Beschlagnahme vorschriftswidriger Gegenstände abgesehen, den verantwortlichen Leitern aber der fernere Gebrauch ungeeichter und unrichtiger Maße, Gewichte und Wagen unter Androhung von Strafen verboten werden. Konsumvereine, welche auch an Nichtmitglieder Waren verkaufen, sind ebenso wie andere Gewerbetreibende zu behandeln.

7. Die Revisionen sind stets unvermutet vorzunehmen; bei denselben ist namentlich auch darauf zu achten, daß die

Allgemeine Bestimmungen.

Gewerbetreibenden nicht einen Teil ihrer Maße pp. verheimlichen und der Revision entziehen.

8. Bei den Revisionen ist vor allem zu prüfen, ob die bei den Gewerbetreibenden vorgefundenen Maße pp. mit dem vorschriftsmäßigen Eichungsstempel versehen sind. Außerdem ist aber auch darauf zu achten, ob die Maße pp. von vorschriftsmäßiger äußerer Beschaffenheit (Material, Gestalt, Bezeichnung) sind, sowie ob dieselben solche äußere Mängel oder Beschädigungen aufweisen, welche Zweifel an ihrer Richtigkeit begründet erscheinen lassen.

Eine Prüfung der Gegenstände auf ihre Richtigkeit innerhalb der für den öffentlichen Verkehr zugelassenen Grenzen findet nicht statt.

9. Der Eichungsstempel besteht in einem gewundenen Bande, welches die Buchstaben D. R. (Deutsches Reich) enthält in Verbindung mit zwei darüber und darunter stehenden Zahlen.

Fig. 1. Stempel.

Die über dem Bande stehende Zahl dient zur Bezeichnung der Aufsichtsbehörde (Eichungs-Inspektion), in deren Bezirk die Eichung erfolgt ist, die darunter stehende Zahl dient zur Bezeichnung desjenigen innerhalb des betreffenden Aufsichtsbezirks gelegenen Eichungsamtes, welches die Eichung ausgeführt hat.

Durch diese Art der Bezeichnung wird es ermöglicht, aus dem Eichungsstempel ohne weiteres zu ersehen, von welchem Eichungsamte die Eichung ausgeführt ist.

Die Ordnungszahlen der Eichungs-Inspektionen sind die folgenden: 1. Königsberg i. Pr.; 2. Berlin; 3. Stettin; 4. Posen; 5. Breslau; 6. Magdeburg; 7. Kiel; 8. Hannover; 9. Dortmund; 10. Kassel; 11. Köln; 12. Dresden; 13. Darmstadt; 14. Schwerin; 15. Weimar; 16. Oldenburg; 17. Braunschweig; 18. Detmold; 19. Bremen; 20. Hamburg; 21. Karlsruhe; 22. Stuttgart; 23. Straßburg.

In den Stempelzeichen für Präzisionsgegenstände befindet sich zwischen den Buchstaben D. R. ein Stern und in den Stempelzeichen für Goldmünzgewichte an den beiden Außenseiten der Buchstabengruppe D. R. je ein Stern.

8 Allgemeine Bestimmungen.

Außer diesem Stempel können an Maßen pp., welche in früheren Jahren geeicht sind, Stempel vorkommen, welche in dem Bande die Buchstaben N. D. B. (Norddeutscher Bund), G. H. B. (Großherzogtum Baden), G. H. (Großherzogtum Hessen) zeigen. Diese Stempel sind bis auf weiteres gleichfalls zulässig.

Andere als die vorbeschriebenen Eichungsstempel sind nicht mehr gültig. Ein Maß pp., welches einen anderen Stempel trägt, ist als ungestempelt anzusehen.

Fig. 2. Kassierter Stempel.

Eichungsstempel, welche unkenntlich oder kassiert sind, gelten als nicht vorhanden. Die Kassierung des Stempels wird dadurch bewirkt, daß derselbe kreuzweise durchkerbt wird (Fig. 2).

10. Die revidierenden Polizeibeamten haben die vorgefundenen ungestempelten, anscheinend unrichtigen und unvorschriftsmäßigen Maße pp. an sich zu nehmen und der Ortspolizeibehörde zur weiteren Veranlassung zu übergeben.

Von seiten der Polizeibehörde wird bezüglich der ungestempelten Maße pp. ohne weiteres wegen Bestrafung des betreffenden Gewerbetreibenden und wegen Einziehung des Maßes pp. (§ 369 Nr. 2 des Strafgesetzbuches) das Erforderliche verfügt.

Die Maße pp., deren Richtigkeit zweifelhaft befunden ist, hat die Polizeibehörde dem Eichungsamt zur Prüfung zu übergeben. Von dem Ergebnis der letzteren macht das Eichungsamt der Polizeibehörde unter Rückgabe der fraglichen Gegenstände Mitteilung. Wird von dem Eichungsamt festgestellt, daß die Fehler der Maße pp. die im Verkehr zulässigen Abweichungen übersteigen, so ist auf Grund dieser Feststellung die Bestrafung der betreffenden Gewerbetreibenden sowie die Einziehung der Maße pp. herbeizuführen. Sofern sich die Maße pp. als innerhalb der gesetzlich zulässigen Grenzen richtig erweisen, werden dieselben an die Eigentümer zurückgegeben. Solche Maße pp., welche zwar mit dem vorschriftsmäßigen Stempel versehen sind, aber in betreff des Materials, der Gestalt, Bezeichnung oder der Art der Stempelung pp. den geltenden Vor=

Allgemeine Bestimmungen.

schriften nicht entsprechen, sind von der Ortspolizeibehörde ebenfalls dem Eichungsamt zu übermitteln, welches denselben vor der Rückgabe an die Polizeibehörde die Beglaubigung ihrer Zulässigkeit im öffentlichen Verkehr durch Kassierung des Eichungsstempels zu entziehen hat.

Bei Gegenständen, deren Transport mit erheblichen Schwierigkeiten oder Kosten verknüpft sein würde (große Wagen u. dergl.), findet eine Übergabe an die Ortspolizeibehörde nicht statt. Letztere hat auf Grund der Anzeige des revidierenden Beamten das Weitere zu veranlassen und nötigenfalls eine Prüfung durch den Eichmeister an Ort und Stelle herbeizuführen.

11. Über das Ergebnis der Revision hat der revidierende Beamte Aufzeichnungen zu machen und der Ortspolizeibehörde einzureichen, welche dieselben bei Schluß jedes Kalenderjahres entweder direkt oder durch Vermittelung des Landrats (Oberamtmanns) dem Regierungspräsidenten vorlegt. Für diese Aufzeichnungen, welche zugleich die Grundlage für die Maßnahmen der Polizeibehörde (Nr. 10 Abs. 2—4) bilden, ist das in der Anlage angegebene Schema anzuwenden. Nur diejenigen Maße, Gewichte pp. sind in die Aufzeichnungen aufzunehmen, welche zur Beanstandung Veranlassung geben. Der revidierende Polizeibeamte füllt nur die Rubriken 1—5 aus; in Rubrik 3 ist stets die auf dem betreffenden Gegenstande befindliche Bezeichnung anzugeben. Die Angabe des Stempelzeichens (Rubrik 4) erfolgt durch Eintragung der Unterscheidungszahlen in Bruchform ($3/7$, $6/26$ pp.). Die Ausfüllung der Rubriken 6 und 7 bleibt dem Eichungsamte bezw. der Polizeibehörde überlassen.

12. Gegenstand der Revision sind die im öffentlichen Verkehr befindlichen Längenmaße, Flüssigkeitsmaße, Meßwerkzeuge für Flüssigkeiten, Meßflaschen, Hohlmaße und Meßwerkzeuge für trockene Körper, Gewichte und Wagen. Die Fässer, die Gasmesser und die Thermo-Alkoholometer sind von den polizeilichen Revisionen ausgeschlossen.

13. Der revidierende Polizeibeamte hat bei Vornahme der Revision stets ein Exemplar dieser Anleitung bei sich zu führen.

Beschreibung der zuläſſigen Maße pp.

A. Längenmaße.

1. Zuläſſige Größen.

0,1	Meter	4 Meter	10 Meter
0,2	„	5 „	15 „
0,5 oder ½	„	6 „	20 „
1	„	7 „	25 „
2	„	8 „	
3	„	9 „	

2. Bezeichnung.

Jedes Maß muß mit der Bezeichnung ſeiner Länge nach Meter unter Anwendung des Wortes Meter oder des Buchſtaben m verſehen ſein. Für die Unterabteilungen dürfen die abgekürzten Bezeichnungen cm (Zentimeter) und mm (Millimeter) angewendet werden. Zuläſſig ſind auch Längenmaße, welche nur mit Dekameter, Dezimeter, Zentimeter bezeichnet ſind, ferner ſolche, welche neben der metriſchen Bezeichnung den Namen „Stab" enthalten, und endlich Maße von 10 Meter Länge, welche außer der metriſchen Bezeichnung den Namen „Kette" enthalten*).

---

*) Anmerkung: Längenmaße, welche die Bezeichnung Kette oder Stab tragen, dürfen nicht mehr nachgeeicht werden; derartig bezeichnete Maße sind aber im öffentlichen Verkehr zulässig, solange als sie richtig und mit dem Eichungsstempel versehen sind.

A. Längenmaße.

3. Gestalt und Einrichtung.

Man unterscheidet:
a) aus einem Stück bestehende Maßstäbe;
b) aus mehreren Stücken bestehende (zusammenlegbare) Maße;
c) Bandmaße (aus Stahl).

Für Längen über 10 Meter sind nur Bandmaße zulässig. Für Längen unter 1 Meter sind Bandmaße nicht zulässig.

Werkmaßstäbe, zusammenlegbare hölzerne Maße und Langwarenmaßstäbe sind für kleinere Längen als 0,5 Meter nicht zulässig.

Endmaße bis einschließlich 0,5 Meter abwärts, welche nicht aus Metall bestehen, müssen an den Enden mit metallenen Beschlägen versehen sein.

4. Stempelung.

Jedes Maß muß dicht an seinen Enden gestempelt sein. Bei hölzernen pp. Endmaßen muß sich ein Stempel auf der Endfläche jeder Kappe und ein zweiter Stempel halb auf der Kappe, halb auf dem Holz oder dicht neben der Kappe befinden. Die Stempelung der Endfläche unterbleibt, wenn eine ihrer Abmessungen kleiner als 1 cm ist.

Fig. 3. Hölzerner Langwarenmaßstab von 0,5 m Länge, in Zentimeter geteilt.

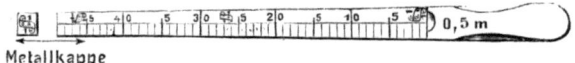

Metallkappe

Fig. 4.

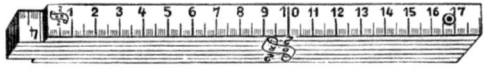

Bei den zusammenlegbaren Maßen sind außer den Enden des Maßes auch alle einzelnen in den Gelenken verbundenen Teile gestempelt. Statt der Stempelung der Gelenke wird nach neueren Bestimmungen ein Stempel so aufgebracht, daß er alle Teile des zusammengelegten Maßes gleichzeitig trifft. (Fig. 4.)

Befindet sich die Bezeichnung des Maßes auf einem Schilde, so ist dessen Verbindung mit dem Maße durch einen Stempel zu sichern.

Maße, welche mit Einteilungen versehen sind, erhalten noch eine Stempelung in der Mitte der Einteilung; doch dürfen Maße, bei welchen diese Stempel fehlen, nicht beanstandet werden, sofern die Stempel an den Enden deutlich vorhanden sind.

5. Unzulässige Maße.

a) Die Maße dürfen außer der Meterteilung keine andere Teilung nach altem oder ausländischem Maße tragen. Es sind daher Maße, welche auf einer ihrer Seitenflächen eine Einteilung nach „Zoll", „Fuß", „Elle" u. s. w. besitzen, oder Maße, auf deren metrischer Einteilung durch Einschnitte oder angezeichnete Striche, Punkte oder dergleichen die Länge eines Fußes, einer ganzen oder halben Elle u. s. w. markiert ist, unzulässig.

b) Häufig werden Werkmaßstäbe aus Holz und hölzerne Maßstäbe für Langwaren ohne die vorgeschriebenen Metall-Kappen (s. oben Nr. 3) angetroffen; solche Maße sind ebenfalls unzulässig.

c) Stark verbogene Längenmaße sind dem Eichungsamt vorzulegen.

B. Flüssigkeitsmaße, Meßwerkzeuge für Flüssigkeiten und Meßflaschen.

I. Flüssigkeitsmaße.

1. Zulässige Maße
nach Größe, Bezeichnung und Form.

Größe	Bezeichnung (Anmerkung a, b und c.)	Form
20 Liter	20 Liter oder l	Zylinderförmig oder tonnenförmig mit engerem zylindrischen Halse.
10 "	10 " " l	
5 "	5 " " l	
2 "	2 " " l	Zylinderisch, die Höhe ist größer als der Durchmesser.
1 "	1 " " l	
0,5 oder ½ Liter	0,5 oder ½ Liter oder l	
¼ Liter	¼ Liter oder l	
0,2 "	0,2 " " l	Zylinderförmig, der Durchmesser ist gleich der Höhe; (außerdem sind noch in Gestalt eines abgestumpften Kegels zulässig Maße von 0,2, 0,1, 0,05 und 0,02 Liter).
0,1 "	0,1 " " l	
0,05 "	0,05 " " l	
0,02 "	0,02 " " l	
0,01 "	0,01 " " l	
Außerdem noch zulässig:		Zylinderförmig, die Höhe ist größer als der Durchmesser. Dürfen nicht mehr nachgeeicht werden, dagegen sind gestempelte und richtige Maße mit dieser Bezeichnung im öffentlichen Verkehr zulässig.
⅛ Liter	⅛ Liter oder l	
1/16 "	1/16 " " l	
1/32 "	1/32 " " l	

Anmerkung:
a. Zulässig ist die nach den früheren Bestimmungen noch vorkommende Bezeichnung L;
b. Neben der Bezeichnung nach Liter ist noch der Name „Kanne" oder „Schoppen" gestattet. Die so bezeichneten Maße dürfen nicht mehr nachgeeicht werden, im öffentlichen Verkehr sind sie aber so lange zulässig, als sie richtig und mit dem Eichungsstempel versehen sind.
c. Auf emaillierten Maßen ist die Bezeichnung gleichfalls in Email, und zwar von deutlich anderer Farbe aufzubringen, als sie das Maß zeigt.

I. Flüssigkeitsmaße.

2. Material.

Als Material der Maße ist zulässig: Zinn, Zinnlegierungen, Messing, Bronze, Kupfer, Weißblech, Aluminium, Nickel, vernickeltes oder mit Nickel plattiertes Stahl- oder Eisenblech, Glas. Maße aus Messing, Bronze oder Kupfer müssen innen gut verzinnt sein. Zulässig sind auch emaillierte metallene Maße, sobald sie mit einer eingebrannten Emailschicht überzogen sind, welche innen und am Rande in allen Teilen ununterbrochen verlaufen muß.

Die Bestimmungen über den Höchstgehalt an Blei, welchen Flüssigkeitsmaße aus Zinnlegierungen oder Maße aus reinem Zinn bezw. Emailüberzuge entsprechen sollen, sind enthalten in dem Reichsgesetz vom 25. Juni 1887 (R.G.Bl. Seite 273).

3. Stempelung.

Die Stempel sind aufgeschlagen bezw. bei Glasmaßen aufgeätzt. Bei emaillierten Maßen erfolgt die Stempelung nur an einer Stelle, und zwar unmittelbar unter dem Rande über der Bezeichnung des Raumgehalts.

Maße, deren richtige Füllung durch den oberen Rand begrenzt wird, müssen zwei einander gegenüberliegende Stempel auf oder dicht unter dem Rande tragen.

Liegt der Flüssigkeitsspiegel der richtigen Füllung unter dem oberen Rande, so wird der Raumgehalt begrenzt durch Abflußöffnungen oder Stifte und bei gläsernen Maßen durch zwei einander gegenüberliegende Strichmarken. Der Stempel befindet sich bei solchen Maßen dicht unter jeder Abflußöffnung bezw. auf dem an jedem Stift äußerlich vorhandenen Zinntropfen; bei gläsernen Maßen muß ein Stempel dicht unter jeder Strichmarke aufgeätzt sein.

Außerdem soll auf jeder Lötfuge ein Stempel sich befinden. Auf den Böden sollen, wenn sie eingesetzt, zwei gegenüberliegende, wenn sie aufgelötet, ein Stempel auf der Lötfuge des Bodenrandes so angebracht sein, daß die an der Wand herablaufende Lötfuge mit getroffen wird.

I. Flüssigkeitsmaße.

Fig. 5. Flüssigkeitsmaß mit Abflußöffnung, Stift, eingesetztem Boden und Schild.

Der Boden ist, wie bei allen metallenen Maßen von mehr als 2 l Inhalt, durch außen aufgelötete Stege verstärkt.

Fig. 6. Flüssigkeitsmaß mit aufgelötetem Boden.

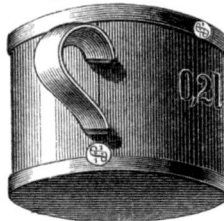

Der Stempel am umgebogenen Rande des Bodens trifft zugleich die Lötnaht der Maßwandung.

Fig. 7. Zinnmaß.

Die auf allen Zinnmaßen notwendige Angabe des Namens und Wohnortes des Verfertigers befindet sich hier auf der Bodenfläche.

Aus einem Stück getriebene Maße bedürfen an der Bodenfläche keiner Stempelung, dagegen müssen die Zinnmaße mit einem Stempel auf der äußeren Bodenfläche versehen sein. Bis auf weiteres sind solche Maße, deren Stempelung auf den Lötfugen unvollständig ist, im öffentlichen Verkehr noch zu dulden. — Ein die Bezeichnung tragendes Schild soll durch einen Stempel gesichert sein.

4. Unzulässige Maße.

Derjenige Mangel, welcher durch den Gebrauch der Maße am häufigsten vorkommt, ist die Formänderung.

Stark verbeulte oder zusammengedrückte Maße sowie solche Maße, deren oberer Rand oder Schnauze beschädigt ist, oder deren Lötungen oder Nietungen nicht mehr ganz fest oder dicht erscheinen, müssen dem Eichungsamt vorgelegt werden; desgleichen solche, welche die vorgeschriebenen Stempel am Boden nicht tragen.

II. Meßwerkzeuge für Flüssigkeiten.

1. Einrichtung.

Die hauptsächlich beim Verkauf von Petroleum verwendeten Meßwerkzeuge für Flüssigkeiten mit ungleichartiger Einteilung werden in Größen von 2 Liter abwärts, in zylindrischer oder konischer, nach unten verjüngter Gestalt mit einem Ablaßhahn hergestellt. Als Material ist durchsichtiges Glas vorgeschrieben, auf welchem die zur Begrenzung der Flüssigkeitsstände bestimmten Strichmarken nicht bloß aufgemalt, sondern aufgeätzt oder in anderer dauerhafter Weise angebracht sein müssen.

In Größen von 2 Liter abwärts sind außer den Meßwerkzeugen mit ungleichartiger Einteilung auch solche ohne Einteilung, aus durchsichtigem Glase mit Ablaßhahn hergestellt, zulässig. Außerdem sind zulässig Meßwerkzeuge mit gleichartiger Einteilung von verschiedener Größe, für welche als Material bis zum Gesamtraumgehalt von 5 Liter durchsichtiges Glas vorgeschrieben ist; darüber hinaus darf auch

II. Meßwerkzeuge für Flüssigkeiten. 17

Metall angewendet werden. Aus Metall hergestellte Meßwerkzeuge tragen die Einteilung auf einem Glasstreifen oder auf einer kommunizierenden Röhre aus Glas, oder auf einer Metallskale, welche hinter der Glasröhre angebracht ist.

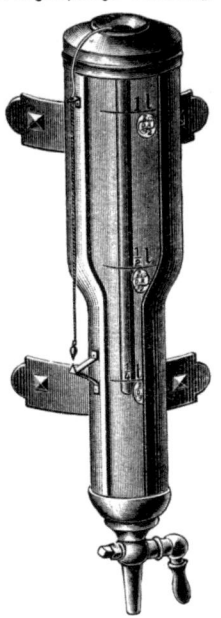

Fig. 8. Meßwerkzeug für Flüssigkeiten mit ungleichartiger Einteilung.

Fig. 9. Meßwerkzeug für Flüssigkeiten ohne Einteilung.

2. Stempelung.

Die mit Raumgehaltsbezeichnung nach Liter (l oder L) versehenen Ablesungsmarken erhalten je einen Stempel. Meßwerkzeuge ohne Einteilung erhalten einen Stempel am oberen Rande. Nullmarke oder Abflußeinrichtung, auch der Boden und die Zuflußeinrichtung, wenn sie einen Teil des Meßraums einnehmen, sind durch Stempelung

18 III. Meßflaschen.

zu sichern, ebenso die Anbringung eines Pendelzeigers und seiner Einstellungsmarke. Bei metallenen Meßwerkzeugen sind außerdem das Glasrohr, die etwa vorhandene Skale mit Schieber, sowie die Aufschrift durch Stempelung zu sichern. Bis auf weiteres machen unvollständige Stempelungen Meßwerkzeuge nicht verkehrsunfähig, wenn nur die vorhandene Stempelung hinreichend ist, um die Angaben der Meßwerkzeuge vor nachträglicher Abänderung zu schützen. Die Stempelung erfolgt durch Aufätzen von Stempeln auf der Glasfläche, bei Metallskalen durch Aufschlagen. (Die bei früher geeichten Meßwerkzeugen in anderer Weise ausgeführten Stempelungen [auf Siegellack, Zinnlot] sind bis auf weiteres noch zulässig.)

Fig. 10. Meßwerkzeug für Flüssigkeiten mit gleichartiger Einteilung.

3. Meßwerkzeuge, welche beanstandet werden, sind dem Eichungsamt vorzulegen.

III. Meßflaschen.

1. Größe, Material und Bezeichnung.

Zulässig sind gläserne Meßflaschen von 1 und 0,5 Liter Raumgehalt. Diese Flaschen müssen mit der Bezeichnung 1 l oder 0,5 l oder $^{1}/_{2}$ l versehen sein.

2. Stempelung.

Die Stempelung erfolgt durch einen Ätzstempel, welcher dicht unter einem an dem Halse der Flasche befindlichen Füllstrich anzubringen ist.

C. Hohlmaße und Meßwerkzeuge für trockene Gegenstände.

C. Hohlmaße und Meßwerkzeuge für trockene Gegenstände.

I. Maße von 100 Liter abwärts für alle Arten von trockenen Gegenständen.

1. Zulässige Maße
nach Größe, Bezeichnung und Form.

Größe	Bezeichnung (Anmerkung a und b.)	Form
100 Liter	1 Hektoliter oder hl	
50 =	½ = = hl	
¼ Hektoliter	¼ = = hl	
20 Liter	20 Liter oder l	
10 =	10 = = l	Zylindrisch, der Durchmesser ist größer als die Höhe.
5 =	5 = = l	
2 =	2 = = l	
1 =	1 = = l	
0,5 =	0,5 oder ½ Liter oder l	
¼ =	¼ Liter oder l	
0,2 =	0,2 = = l	Zylindrisch, der Durchmesser ist gleich der Höhe. (Außerdem in Gestalt eines abgestumpften Kegels noch zulässig.)
0,1 =	0,1 = = l	
0,05 =	0,05 = = l	
außerdem noch zulässig:		
⅛ Liter	⅛ Liter oder l	Zylindrisch, der Durchmesser ist größer als die Höhe. Dürfen nicht mehr nachgeeicht werden, dagegen sind gestempelte und richtige Maße mit dieser Bezeichnung im öffentlichen Verkehr zulässig.
1/16 =	1/16 = = l	

Anmerkung:
a. Zulässig sind auch die abgekürzten Bezeichnungen L oder H.
b. Als Nebenbezeichnung ist der Name „Faß" oder „Scheffel" gestattet. Die so bezeichneten Maße dürfen nicht mehr nachgeeicht werden, im öffentlichen Verkehr sind sie aber so lange zulässig, als sie richtig und mit dem Eichungsstempel versehen sind.

I. Maße von 100 Liter abwärts ꝛc.

2. Material.

Schwarzblech, Weißblech, verzinktes Eisenblech, Messing, Bronze, Kupfer, Nickel, Aluminium, vernickeltes oder mit Nickel plattiertes Stahl= oder Eisenblech, Holz.

3. Sonstige Beschaffenheit.

Der obere ebene Rand bildet die Begrenzung des Maßraums.

Maße von 100 und 50 Liter sollen mit Handhaben versehen sein.

Hölzerne Maße aller Größen können als Spanmaße oder bis einschließlich 0,5 Liter abwärts als Dauben= (oder Stab=) Maße und von 1 Liter abwärts auch aus massivem Holz hergestellt sein.

Fig. 11. Spanmaß mit Beschlag.

Spanmaße zu 10 und 20 Liter, $^1/_4$, $^1/_2$ und 1 Hekto= liter müssen zur Verstärkung der Verbindung des Bodens und der Wandfläche, sowie der beiden Enden des Spans mit Be= schlägen aus Bandeisen versehen sein. Daubenmaße von mehr als 5 Liter Raumgehalt müssen eiserne Bänder haben.

4. Stempelung.

Die Stempelung erfolgt bei Maßen aus Metall ebenso wie bei Flüssigkeitsmaßen. Steht die Bezeichnung des Raumgehalts auf einem Schilde, so ist dessen Verbindung mit dem Maße durch einen Stempel zu sichern. Alle hölzernen Maße tragen einen Stempel auf der äußeren

I. Maße von 100 Liter abwärts ꝛc.

Wandfläche dicht am oberen Rande über der Bezeichnung und einen auf der inneren Bodenfläche. Spanmaße haben außerdem einen Stempel am unteren Rande der äußeren Wandfläche, welcher Wand und Boden gleichzeitig trifft. Aus einem Stück gedrehte Hohlmaße erhalten einen Stempel dicht am unteren Rande der äußeren Wandfläche. Bei Spanmaßen mit Beschlag werden die Randstempelungen dicht an den Beschlag gesetzt.

Fig. 12. Metallenes Hohlmaß mit Stempelung auf Schild.

Fig. 13. Spanmaß ohne Beschlag.

Oberer und unterer Rand sind mit je 2 Stempeln auf Messing (oder Zinn pp.) versehen.

Bei Daubenmaßen ist ein Stempel auf die innere Seite des vorstehenden Endes derjenigen Daube, welche oben am Rande gestempelt ist, zu setzen, und zwar möglichst nahe an der unteren Bodenfläche.

Die mit einer größeren Zahl von Stempeln versehenen hölzernen Maße sind von den Polizeibeamten nicht zu beanstanden.

5. Unzulässige Maße.

Als häufigste Fehler kommen Formveränderungen vor.

Stark verbeulte Metallmaße, Maße mit augenscheinlich mangelhaft gewordenen Lötungen oder Nietungen, sowie hölzerne Maße, welche stark beschädigt sind, sind dem Eichungsamt vorzulegen.

II. Maße und Meßwerkzeuge von 0,5 Hektoliter aufwärts für Brennmaterialien, sowie für Kalk und andere Mineralprodukte.

Die Polizeibeamten haben darauf zu achten, daß derartige Maße und Meßwerkzeuge im öffentlichen Verkehr nur dann verwendet werden, wenn sie geeicht sind.

1. Zulässige Maße und deren Einrichtung.

a) **Kastenmaße,** deren Raumgehalt 0,5 Hektoliter, 1 Hektoliter oder ein ganzes Vielfache von einem Hektoliter beträgt. Der horizontale Querschnitt ist ein Rechteck, der Raumgehalt wird durch die Randebene begrenzt.

b) **Kummtmaße,** sind oben offene Kasten, deren Fassungsraum durch Aufsatzbretter vergrößert werden kann. Der Raumgehalt, welcher ein ganzes Vielfache von einem halben Kubikmeter betragen darf, soll im allgemeinen durch die Randfläche begrenzt sein; doch sind auch Einrichtungen zulässig, bei welchen der Raumgehalt unterhalb der Randfläche durch Leisten, Reihen von Löchern und dergleichen begrenzt wird.

c) **Lösch- und Ladegefäße,** in Zylinder- oder Tonnenform hergestellt. Der Raumgehalt kann ein Hektoliter oder ein ganzes Vielfache von einem Hektoliter betragen.

d) **Fördergefäße.** Der Raumgehalt kann 0,5 Hektoliter oder ein ganzes Vielfache von einem halben Hektoliter betragen. Die Gefäße werden in solchen Körperformen hergestellt, wie sie für die besonderen technischen Zwecke am geeignetsten sind.

e) **Rahmen- oder Aufsetzmaße.** Die Rahmen haben rechteckig begrenzte Randebenen. Der Raumgehalt kann zwischen den beiden offenen Randebenen 2 Hektoliter oder ein anderes ganzes Vielfache von einem Hektoliter betragen.

2. Material und Bezeichnung.

Als Material ist Holz und Eisen zulässig. Bei den Maßen a, c, d und e erfolgt die Bezeichnung nach Hektoliter unter Hinzufügung des Wortes „Hektoliter" oder „hl", bei b nach Kubikmeter oder nach Hektoliter unter Anwen-

bung dieser Worte, oder der Abkürzungen „cbm" beziehungs=
weise „hl". Außerdem sind zulässig die abgekürzten Be=
zeichnungen H, L oder Kub.-Met.; die Namen „Faß"
oder „Scheffel" sind als Nebenbezeichnungen gestattet.

3. Stempelung.

Die Stempelung der Kastenmaße geschieht wie bei den
Hohlmaßen (I. 4).

Bei den Kummtmaßen befindet sich je ein Stempel an
jeder Kante des Kastens und der etwa vorhandenen Auf=
satzbretter, sowie dicht an den Leisten, welche die Nuten
für die Schützen bilden.

Die Stempelung der Lösch= und Ladegefäße, Förder=
gefäße und Rahmen= und Aufsetzmaße geschieht wie bei
den Kastenmaßen.

III. Meßrahmen für Brennholz.

1. Zulässige Rahmen.

Zulässig sind Rahmen, deren lichte Rahmenflächen $1/4$*),
$1/2$, 1 Quadratmeter oder ein ganzes Vielfache von einem
Quadratmeter, und deren einzelne Seiten ein halbes Meter
oder ein ganzes Vielfache von einem halben Meter betragen.
Außerdem sind zulässig zur Ausmessung von nicht
mehr als $1/2$ Meter langem, dicht gepacktem Spaltholz
hölzerne oder eiserne Meßrahmen, deren lichte Rah=
menfläche $1/50$, $1/20$, $1/10$ und $1/5$ Quadratmeter beträgt.
Die Rahmen sind nur zur Messung der von der Stirn-
fläche des zu messenden Holzes eingenommenen Fläche
bestimmt.

2. Material und Form.

Die Meßrahmen von $1/4$, $1/2$, 1 Quadratmeter und
größere (Fig. 14) dürfen aus hölzernen oder eisernen recht=
winklig zu verbindenden Stäben, oder aus rechtwinklig ver=
bundenen Brettern bestehen. Sie dürfen sowohl zu fester Auf=

---

*) Anmerkung: Meßrahmen von $1/4$ Quadratmeter dürfen
nicht mehr geeicht werden, im Verkehr sind sie aber bis auf
weiteres noch zulässig.

III. Meßrahmen für Brennholz.

stellung, als auch zum Zusammensetzen oder Auseinandernehmen eingerichtet sein. Die Meßrahmen für Spaltholz (Fig. 15) müssen fest aufstellbar sein. Mehrere Rahmenflächen können nebeneinander stehen; sie sollen durch fest miteinander verbundene hölzerne oder eiserne Pfosten, oder durch ebensolche Bretter begrenzt sein.

Fig. 14. Großer Meßrahmen für Brennholz.

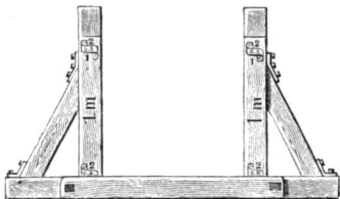

3. Die Bezeichnung geschieht bei den großen Meßrahmen (Fig. 14) auf jedem Rahmenstücke nach den Vorschriften für Längenmaße. Bei Meßrahmen für Spaltholz geschieht die Bezeichnung durch Angabe des Flächeninhalts in Quadratmeter, und zwar in gewöhnlicher Bruchform auf dem unteren wagerechten Rahmenstück.

Fig. 15. Kleiner Meßrahmen für Brennholz (Spaltholz).

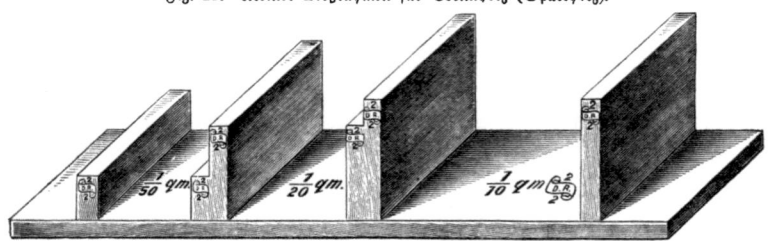

4. Die Stempelung der großen Rahmen (Fig. 14) erfolgt dicht an den Verbindungsstellen der einzelnen Rahmenstücke und an jedem End- und Teilpunkte der Längen der einzelnen Rahmenstücke. Die Stempelung der Meßrahmen für Spaltholz erfolgt neben der Bezeichnung und an den oberen Enden der Seitenrahmen.

D.
Gewichte.

Zulässige Gewichte siehe umstehende Tabelle.

D. Gewichte.

D. Ge-
1. Zulässige Gewichte nach Größe,

Gewichtsgröße. (Anmerkung 2, 3 u. 4.)	Bezeichnung. (Anmerkung 1.)
50 Kilogramm.	50 kg oder 50 K, 100 ℔, 1 Ctr. u. s. w. (Anmerkung 1.)
50 Pfund.	50 ℔ oder 50 Pf., 0,5 Z, C u. s. w. (Anmerkung 1.)
20 Kilogramm.	20 kg oder 20 K, 40 ℔ u. s. w. (Anmerkung 1.)
10 Kilogramm.	10 kg oder 10 K, 20 ℔, 0,2 Ctr. u. s. w. (Anmerkung 1.)
5 Kilogramm.	5 kg oder 5 K, 10 ℔, 0,1 Ctr. u. s. w. (Anmerkung 1.)
2 Kilogramm.	2 kg oder 2 K, 4 ℔, 4 Pf. u. s. w. (Anmerkung 1.)
1 Kilogramm.	1 kg oder 1 K, 2 ℔, 2 Z ℔ u. s. w. (Anmerkung 1.) Bei Einsatzgewichten ist das Gesamtgewicht auf dem Deckel angegeben. Die einzelnen Einsätze müssen vorschriftsmäßig bezeichnet sein.
500 Gramm.	0,5 kg oder 0,5 K, 500 g, 500 G, 1 ℔, 1 Z ℔ u. s. w. (Anmerkung 1.) Bezeichnung der Einsatzgewichte: siehe 1 kg.
½ Pfund.	½ ℔ oder ½ Pf., u. s. w. (Anmerkung 1.)
200 Gramm.	0,2 kg oder 200 g, 20 N. L. u. s. w. (Anmerkung 1.) Bezeichnung des Einsatzgewichts: siehe 1 kg.
100 Gramm.	0,1 kg oder 100 g, 10 N. L. u. s. w. (Anmerkung 1.)
50 Gramm.	50 g oder 50 G, 0,05 K, 5 N. L. u. s. w. (Anmerkung 1.)
20 Gramm.	20 g oder 0,02 K, 2 N. L. u. s. w. (Anmerkung 1.)
10 Gramm.	10 g oder 0,01 K, 1 N. L. u. s. w. (Anmerkung 1.)
5 Gramm.	5 g oder 5 G, 0,005 K, 0,5 N. L. u. s. w. (Anmerkung 1.)
2 Gramm.	2 g oder 2 G, 0,002 K u. s. w. (Anmerkung 1.)
1 Gramm.	1 g oder 1 G, 0,001 K u. s. w. (Anmerkung 1.)

(Anmerkungen siehe Seite 28.)

D. Gewichte.

wichte.
Bezeichnung und Form.

Form.	Bemerkungen.
Zylinderisch mit fester Handhabe (die Höhe des Zylinders ist größer als der Durchmesser) oder bombenförmig mit fester Handhabe.	50 kg-Stücke, welche in irgend einer Weise nach Zentner oder Pfund bezeichnet sind, dürfen bis auf weiteres nachgeeicht werden.
Bombenförmig mit fester Handhabe.	Dürfen nicht mehr nachgeeicht werden, im öffentlichen Verkehr sind sie aber zulässig, solange sie richtig und mit dem Eichungsstempel versehen sind.
Zylinderisch mit fester Handhabe, die Höhe des Zylinders ist größer als der Durchmesser.	Stücke, welche nach Pfund bezeichnet sind, dürfen nicht mehr nachgeeicht werden; im öffentlichen Verkehr sind sie aber zulässig, solange sie richtig und mit dem Eichungsstempel versehen sind.
Zylinderisch mit fester Handhabe oder Knopf; die Höhe des Zylinders ist größer als der Durchmesser.	desgleichen.
Zylinderisch mit Knopf; die Höhe des Zylinders ist größer als der Durchmesser.	desgleichen.
Zylinderisch mit Knopf; die Höhe des Zylinders ist größer oder kleiner als der Durchmesser.	desgleichen.
Zylinderisch mit Knopf; die Höhe des Zylinders ist größer als der Durchmesser. Als Einsatzgewicht in Form von in einander zu setzenden Schalen in 12 nach Gramm bezeichneten Stücken.	desgleichen.
Zylinderisch mit Knopf; die Höhe des Zylinders ist größer als der Durchmesser. (Bei Gewichtsstücken, welche die Bezeichnung 1 ℔ tragen, kann die Höhe des Zylinders auch kleiner sein als der Durchmesser.) Als Einsatzgewicht in Form von in einander zu setzenden Schalen in 11 Stücken.	desgleichen.
Zylinderisch mit Knopf; die Höhe des Zylinders ist größer als der Durchmesser.	Dürfen nicht mehr nachgeeicht werden, im öffentlichen Verkehr aber zulässig, solange sie richtig und mit dem Eichungsstempel versehen sind.
Nicht eiserne: Zylinderisch mit Knopf; die Höhe des Zylinders ist kleiner als der Durchmesser; als Einsatzgewicht in Form von in einander zu setzenden Schalen in 9 nach Gramm bezeichneten Stücken. Eiserne: Zylinderisch ohne Knopf; die Höhe des Zylinders ist kleiner als der Durchmesser.	Stücke, welche die Bezeichnung N. L. tragen, dürfen nicht mehr nachgeeicht werden; im öffentlichen Verkehr sind sie zulässig, solange sie richtig und gestempelt sind.
Nicht eiserne: Zylinderisch mit Knopf; die Höhe des Zylinders ist kleiner als der Durchmesser. Eiserne: Zylinderisch ohne Knopf; die Höhe des Zylinders ist kleiner als der Durchmesser.	desgleichen.
Wie bei 100 g-Stücken.	Stücke, welche die Bezeichnung N. L. tragen, sowie alle 50 g-Stücke aus Eisen, dürfen nicht mehr nachgeeicht werden; im öffentlichen Verkehr sind sie so lange zulässig, als sie richtig und gestempelt sind.
Zylinderisch mit Knopf; die Höhe des Zylinders ist kleiner als der Durchmesser. Für diese Stücke ist Eisen nicht zulässig.	Stücke mit der Bezeichnung N. L. dürfen nicht mehr nachgeeicht werden, im öffentlichen Verkehr sind sie so lange zulässig, als sie richtig und gestempelt sind.

D. Gewichte.

Anmerkungen
zu der vorstehenden Tabelle (S. 26 und 27):

1. Zulässig sind:
   a) Gewichtsstücke, welche mit einer oder zweien der folgenden Bezeichnungen versehen sind: Centner, Zentner, Ctr., C, Ztr., Z, Zoll, Pfund, ℔, P, Pf, K, G, D, C, M, N. L., Dekagramm; also auch ZZ, ZCtr, ZPf, Z℔.
   b) Gewichtsstücke, auf denen neben einer der zulässigen Bezeichnungen das Zehn- oder Hundertfache ihres Gewichtes angegeben ist.
2. Die in Drogen-Handlungen, Juwelierläden pp. vorkommenden Gewichtsstücke von 500, 200, 100, 50, 20, 10, 5, 2 und 1 Milligramm, als Blechplättchen mit einer aufgebogenen Seite oder Ecke ausgeführt, müssen ebenfalls mit dem Eichungsstempel versehen sein. Dieselben sind bezeichnet mit mg, M, C, (5, 2, 1 Zentigramm) D, (5, 2, 1 Dezigramm) oder mit g, G, (0,5, 0,2, 0,1 Gramm u. s. w.). (Von 50 Milligramm abwärts darf der Zusatz mg wegbleiben.)
3. Goldmünzgewichte für den Gebrauch bei Abwägung der Reichsgoldmünzen (aus einer zinnhaltigen Kupferlegierung hergestellt) kommen in der Regel nur in Bankgeschäften vor. Man unterscheidet:
   a) Normalgewichte der einzelnen Goldmünzen — kreisrunde Scheiben mit Knopf — bezeichnet: N 5 M — N 10 M — N 20 M;
   b) Passiergewichte der einzelnen Goldmünzen — flache sechsseitige Prismen mit Knopf — bezeichnet: P 5 M — P 10 M — P 20 M;
   c) Vielfache der Normalgewichte der Goldmünzen — zylindrisch mit Knopf, der Durchmesser ist größer als die Höhe — bezeichnet: N 50 M — N 100 M — N 200 M — N 500 M — N 1000 M — N 2000 M.
4. Postgewichte von 40 g und 15 g in Form rechtwinkliger vierseitiger Prismen mit Knopf, sowie solche von 0,5 g in Form einer rechteckigen Platte sind ausschließlich für den Gebrauch der Postbehörden bestimmt.

D. Gewichte.

2. Material.

Als Material dürfen Eisen, Messing, Bronze, Argentan, Nickel, Aluminium und ähnliche gegen Lufteinflüsse beständige Metalle und Metall-Legierungen, mit oder ohne Überzugsschicht, eines festhaftenden, luftbeständigen Materials verwendet werden*).

Für Gewichtsstücke unter 100 Gramm ist Eisen nicht zulässig (eiserne 50 Grammstücke in Gestalt eines flachen Zylinders sind zwar noch so lange im öffentlichen Verkehr zulässig, als sie richtig und mit dem Eichungsstempel versehen sind, dürfen aber nicht mehr nachgeeicht werden).

Fig. 16 u. 17. Eiserne Gewichte.

3. Stempelung.

Die Stempelung erfolgt ausschließlich durch Aufschlagen oder Aufdrücken. Eiserne Gewichte tragen den Stempel auf dem Eichpfropf, welcher die Justierhöhlung schließt. (Der Eichpfropf soll aus Blei mit einem Zusatz von Zinn oder Antimon bestehen. Die noch mit Kupfer- oder Messingpfropfen versehenen Gewichte sind nicht zu beanstanden.)

---

*) Anmerkung: Im Verkehr mit Salz und salzhaltigen Gegenständen ist das zur Messinggruppe gehörige Yellow Metal (für Gewichte von 0,5 kg aufwärts) zu empfehlen.

30 D. Gewichte.

Die Gewichte aus Messing, Bronze und dergleichen erhalten den Stempel auf der oberen Fläche und auf der Bodenfläche*). Figur 18 zeigt ein 50 Grammstück aus Messing, welches eine erneute Stempelung erfahren hat. Die einzelnen Stücke der Einsatzgewichte sind auf der inneren und auf der äußeren Bodenfläche gestempelt.

Fig. 18. Gewicht aus Messing.   Fig. 19. Einsatzgewicht.

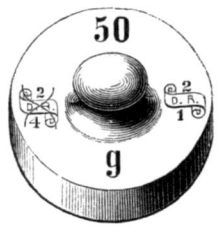 

Zulässig ist die Anbringung der Jahreszahl der Eichung auf den Gewichtsstücken.

4. Unzulässige Gewichte.

a) Gewichte mit eingeschraubten Knöpfen.

b) Gewichte mit abgebrochenen Knöpfen oder Handhaben.

c) Die bisweilen noch im Verkehr angetroffenen Gewichte mit der Bezeichnung ¼ Zentner, 5 Pfund, 3 Pfund, ¼ Pfund, 0,2 Pfund, 0,1 Pfund, Lot, Quentchen.

d) Gewichte von 20 Pfund in Bombenform.

e) ½ Pfundstücke mit Knopf, bei denen die Höhe des Zylinders kleiner ist als der Durchmesser, sowie ½ Pfundstücke in Scheibenform, welche mit der Bezeichnung 0,5 Z.Pf. noch häufig angetroffen werden.

---

*) Anmerkung: Sind solche Gewichte von 0,5 kg. aufwärts mit Justierhöhlung versehen, so erhalten sie den Stempel auf dem Eichpfropf und auf der Bodenfläche.

E. Wagen.

f) Eiserne Gewichte unter 10 kg mit fester Handhabe (Griff) statt des vorgeschriebenen Knopfes, sowie eiserne Gewichte mit beweglichen Handhaben, Ringen und dergleichen.

g) Eiserne Gewichte in Zylinderform mit Justierhöhlung an der Bodenfläche*).

h) Gewichtsstücke in Gestalt vier- oder achtseitiger Prismen oder in Gestalt abgestumpfter sechsseitiger Pyramiden.

i) Gewichte aus Messing von würfelförmiger Gestalt, sowie in Gestalt von ebenen oder gebogenen Platten.

k) Gewichte aus Messing in zylindrischer Form ohne Knopf, sowie solche von 200 Gramm abwärts in zylindrischer Form mit Knopf, bei denen aber die Höhe des Zylinders gleich dem Durchmesser oder größer als letzterer ist.

Dem Eichungsamt sind wegen Verdachtes der Unrichtigkeit solche Gewichte vorzulegen, welche stark abgenutzt sind oder Verletzungen pp. zeigen (Löcher, abgestoßene Kanten).

E. Wagen.

I. Handelswagen.

Bei den im öffentlichen Verkehr zur Verwendung gelangenden Wagen hat der revidierende Polizeibeamte sein Augenmerk vor allem darauf zu richten, daß sie vorschriftsmäßig bezeichnet und daß sie mit dem Eichungsstempel versehen sind.

---

*) Anmerkung: Die im Jahre 1902 einer größeren Zahl von Gewerbetreibenden zur dauernden Benutzung übergebenen und mit dem jetzt gültigen Eichungsstempel versehenen eisernen Versuchsgewichte mit Justierhöhlung am Boden dürfen im Verkehr verwendet werden. Werden derartige Gewichte von den Polizeibeamten bei ihren Revisionen beanstandet, so sind dieselben stets dem Eichamt zur Feststellung des Sachverhalts vorzulegen.

32 I. Handelswagen.

1. Bezeichnung.

Auf jeder Wage soll die größte Last, zu deren Abwägung sie bestimmt ist, nach Kilogrammen oder nach Grammen mit den abgekürzten Bezeichnungen kg oder g deutlich angegeben sein. Bis auf weiteres sind auch noch solche Wagen zulässig, auf welchen die größte Last mit Bezeichnungen wie Ctr., ℔., Pf., K, G angegeben ist. Auf allen Wagen darf sich auch noch die Angabe der geringsten zulässigen Last befinden.

Fig. 20. Gleicharmige Balkenwage.

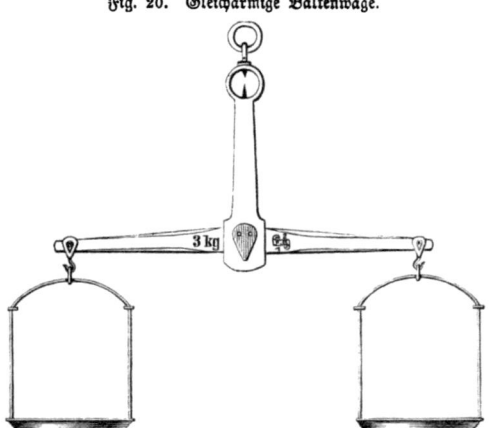

Fig. 21. Gleicharmige oberschalige oder Tafel=Wage.

1. Handelswagen.

Fig. 22.

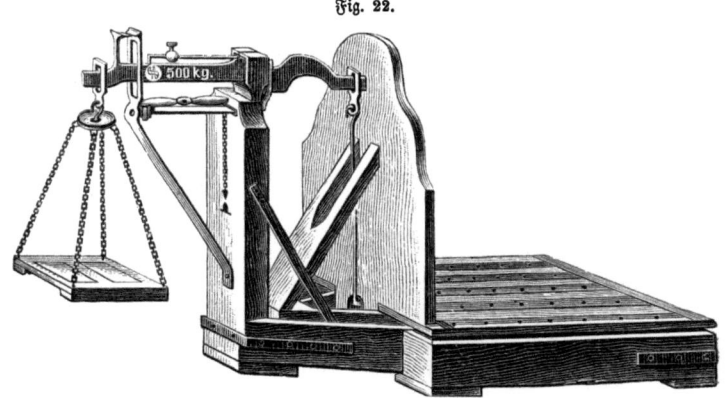

Brückenwage mit Stempelung und Angabe der größten Tragfähigkeit auf dem Balken.

Fig. 23. Einfache Balkenwage mit Laufgewicht und Skala (Schnellwage, römische Wage pp.).

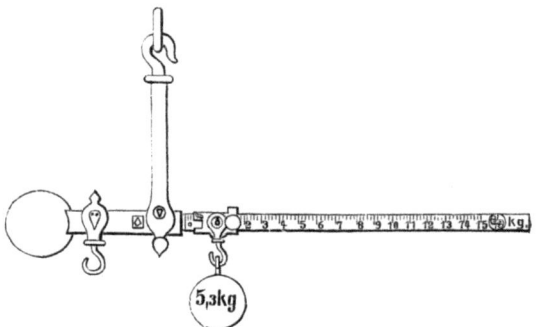

Die sichtbare Skala enthält die Angabe der größten Tragfähigkeit von 15 kg.

2. Stempelung.

Die Wagen müssen entweder auf einem der beiden Arme ihres Wagebalkens oder, wenn sie mehrere Balken bezw. Hebel enthalten, auf dem die Gewichtsschale tragenden

Balken oder Hebel gestempelt sein. Wagen, bei welchen das Gegengewicht der Last ausschließlich durch eines oder mehrere Laufgewichte gebildet wird (sog. Laufgewichtswagen, Schnellwagen, römische Wagen pp.), sollen auf dem das Laufgewicht tragenden Balken gestempelt sein, und zwar soll je ein Stempel dicht hinter dem letzten Teilstrich jeder Skala und je ein Stempel dicht neben der Ablesungsmarke jedes Laufgewichts sich befinden.

Die Stempelung erfolgt durch Aufschlagen oder Aufätzen.

Es muß auf allen festfundamentierten Brückenwagen sowie auf allen Wagen für eine größte zulässige Last von mehr als 2000 kg neben dem Stempel auch die Jahreszahl der Eichung angegeben sein. Solche Wagen dürfen nur bis zum Ablauf von drei Jahren nach Schluß des durch die Stempelung bezeichneten Kalenderjahres im öffentlichen Verkehr angewendet werden. Die Polizeibeamten haben daher bei solchen Wagen auch auf das Vorhandensein der Jahreszahl der Eichung, sowie darauf zu achten, daß diese Jahreszahl dem laufenden oder einem der drei vorangegangenen Kalenderjahre angehört.

In vorstehenden Abbildungen ist die Art der Bezeichnung und Stempelung der im Verkehr hauptsächlich vorkommenden Wagen ersichtlich gemacht.

II. Wagen für besondere Zwecke.

1. Selbsttätige Registrierwagen. Zum Abwägen von kleinkörnigen Früchten, sand- oder pulverförmigen Materialien und auch Rüben, Kartoffeln sind besondere Wagen zugelassen, welche mittels eines an ihnen angebrachten Zählwerkes die Menge der verwogenen Materialien selbsttätig anzeigen. Derartige Wagen sollen mit einem Schilde versehen sein, auf welchem angegeben ist:

    Name und Wohnort des Fabrikanten, Fabriknummer sowie Art der Materialien, für welche die Wage bestimmt ist (z. B. Wage für Weizen und Roggen).

II. Wagen für besondere Zwecke.

Hinsichtlich der Stempelung der selbsttätigen Registrierwagen hat der revidierende Polizeibeamte darauf zu achten, daß sich Stempel befinden am Wagebalken, am Verschlußgehäuse des Zählwerkes und an einer geeigneten Stelle des Schildes. Neben dem am Schilde befindlichen Stempel, welcher so angebracht sein soll, daß das Schild ohne Verletzung des Stempels nicht entfernt werden kann, soll außerdem die Jahreszahl der erfolgten Eichung angegeben sein. Wagen der bezeichneten Art dürfen im öffentlichen Verkehr nur bis zum Ablauf eines Jahres nach Schluß des durch die Stempelung bezeichneten Kalenderjahres angewendet werden. Die revidierenden Polizeibeamten haben daher auf die Jahreszahl der Stempelung ihr besonderes Augenmerk zu richten.

Anmerkung.
Selbsttätige Registrierwagen sind im allgemeinen gleich allen anderen Wagen eichpflichtig. Sofern jedoch derartige Wagen in einer gewerblichen Anlage so aufgestellt sind, daß sie nur zur inneren Kontrolle des gewerblichen Betriebes dienen können, eine Verwendung derselben zum Zuwägen im öffentlichen Verkehr aber ausgeschlossen ist, so brauchen sie nicht gestempelt zu sein.

2. Hökerwagen. Zum Abwägen von Gegenständen des Wochenmarktverkehrs sind Wagen von einer geringeren als der für den sonstigen Handelsverkehr vorgeschriebenen Genauigkeit zugelassen. Dieselben dürfen nur für eine größte Belastung von 2 kg bestimmt sein. Sie müssen an jedem Wagebalken mit einem Blechstreifen, welcher die Bezeichnung HW trägt, versehen sein. Je ein Eichungsstempel soll sich an diesen Blechstreifen befinden und so angebracht sein, daß letztere ohne Verletzung der Stempel nicht entfernt werden können.

3. Wagen, welche mit der Bezeichnung „Wage für Eisenbahnpassagiergepäck" oder „Wage für Postpäckereien ohne angegebenen Wert" versehen sind, sind ausschließlich zum Gebrauche der Eisenbahn- und Postbehörden bestimmt und dürfen im öffentlichen Verkehr nicht angewendet werden.

II. Wagen für besondere Zwecke.

Unzulässige Wagen.

a) Wagen, deren Zunge abgebrochen ist.

b) Die im Verkehr bisweilen noch vorkommenden Wagen, welche nur mit einem nicht mehr gültigen Eichungsstempel (Preußischer Adler pp.) versehen sind, sind unzulässig. Wagen, auf welchen sich außer einem derartigen ungültigen Stempel auch noch der gesetzliche Eichungsstempel befindet, sind nicht zu beanstanden.

c) Wagen, welche äußerlich stark beschädigt oder abgenutzt sind, z. B. Wagen, deren Zunge lose oder verbogen oder deren Schneiden ausgebrochen oder stark verrostet sind, müssen der Prüfung des Eichungsamtes unterworfen werden.

Berlin, den 12. Juni 1886.

Der Minister für Handel und Gewerbe.

In Vertretung.

Jacobi.

Anlage.

38 **Anlage.**

Polizei-Verwaltung ....

Laufende Nr.	Name, Stand und Wohnung des Gewerbetreibenden	Zahl und Art der beanstandeten Gegenstände	Stempelzeichen	Grund der Beschlagnahme
1.	2.	3.	4.	5.
1.	Schmidt, Handelsmann, Langestraße 4	1 hölzerner Maßstab für Langwaren mit der Bezeichnung 0,5 m	—	ungestempelt
2.	Kleinert, Fabrikbesitzer, Markt 20	1 eisernes Gewicht mit der Bezeichnung 1 Z ℔	Preußischer Adler	ungültiger Stempel
		1 gleicharmige Balkenwage von 5 kg größter Tragfähigkeit	$6/3$	ohne Zunge
		1 selbsttätige Registrierwage	$2/1$	zuletzt im Jahre 1894 geeicht
3.	Kracht, Kaufmann, Luisen-Ufer 2	1 Flüssigkeitsmaß aus Blech mit der Bezeichnung 1/4 L	$2/4$	stark verbeult
		1 zinnernes Maß	$1/4$	ohne Bezeichnung
4.	Lehmann, Kaufmann, Berlinerstr. 5	1 Gewicht aus Messing mit der Bezeichnung 1 kg	$5/4$	stark abgenutzt
		2 eiserne Gewichte mit der Bezeichnung 3 Z ℔	—	unzulässig
		1 eisernes Gewicht mit der Bezeichnung 1/4 Ctr.	—	
		1 Gewicht aus Messing mit der Bezeichnung 200 g	—	die Stempel sind kassiert
		1 Spanmaß mit der Bezeichnung 2 l	$2/11$	am Rande ausgebrochen.

Anlage.

6.	7.	8.
Ergebnis der event. eichamtlichen Prüfung	Entscheidung der Polizeiverwaltung	Revisionsbemerkungen des Eichungs-Inspektors
—	x Mark Geldstrafe und Einziehung	
—	x Mark Geldstrafe und Einziehung	
—	mit kassiertem Stempel zurückgegeben	
—	x Mark Geldstrafe und Einziehung	
im Inhalt über den Verkehrsfehler zu klein	x Mark Geldstrafe und Einziehung	
als 1 Litermaß innerhalb des Verkehrsfehlers richtig	mit kassiertem Stempel zurückgegeben	
innerhalb des Verkehrsfehlers richtig	dem Eigentümer zurückgegeben	
—	x Mark Geldstrafe und Einziehung	
—		
Das Maß ist so defekt, daß sich der Inhalt nicht mehr feststellen läßt		

.... den 19

....
Polizei-Wachtmeister.

Buchdruckerei von Gustav Schade (Otto Francke) in Berlin N.

MIX
Papier aus verantwortungsvollen Quellen
Paper from responsible sources
FSC® C105338

If you have any concerns about our products,
you can contact us on
ProductSafety@springernature.com

In case Publisher is established outside the EU,
the EU authorized representative is:
**Springer Nature Customer Service Center GmbH
Europaplatz 3, 69115 Heidelberg, Germany**

Printed by Libri Plureos GmbH
in Hamburg, Germany